悦 读 阅 美 · 生 活 更 美

**女性生活时尚阅读品牌**

☐ 宁静　　☐ 丰富　　☐ 独立　　☐ 光彩照人　　☐ 慢养育

# 熟龄女人的穿衣圣经

[日]石田纯子 著　　宋佳静 译

漓江出版社

漂亮时尚的穿着，

并不仅仅源于灵感，

还取决于对穿衣法则的谙然于心。

无论年龄大小，

无论何时何地，

不受年龄限制的穿衣技巧都能让你既不为流行所左右，

又能一下子变美。

# 目 录
## Contents

前言 *011*

*Lesson* **1** *019*

## 女人穿衣基本法则

*Lesson* **2**  051

## 提升品位的基本款搭配技巧

# 女人的显瘦理论

# Style 1 长裤

长裤作为最稳妥的搭配往往不可或缺，但时常由于样式单调而略显普通。

虽然长裤在掩饰腿形方面有优势，但从整体搭配来看会加重下半身比例，容易使人显得比较沉重。长裤在庄重的场合是不错的选择，但在日常生活中容易让人觉得过于硬朗。

## 前言

掌握不受年龄限制的穿衣法则，
做时尚达人。

石田纯子

不受年龄限制，是有技巧的

"最近穿什么都觉得不漂亮""衣服总显得喧宾夺主"，随着年龄的增加，许多人都会出现类似的烦恼。年龄会使我们的体形改变、脸部松弛、肤色暗淡。这些微妙的变化，让我们找不回从前穿衣扮靓的感觉，不能再按过去的方式打扮自己。

但如果我们因此而悲观，一味追求年轻而去掩饰年龄带来的变化，并不能让时光倒流，结果甚至会适得其反。

如果你开始注意到自己的变化，那么首先要接受新的自己，然后站上更高的层次掌握真正适合自己现状的穿衣方法。这种方法就是接下来将给大家介绍的"不受年龄限制"的造型技巧。

说到不受年龄限制，大家可能会想到不受年龄限制的服饰，或者不拘泥于年龄来穿衣，而我认为，更重要的是"找技巧"，找到不受年龄限制的扮靓技巧。或者说，靠穿衣技巧超越因年龄而改变的身形，让服饰搭配变得更加自由自在，这便是ageless（不受年龄限制）。

# Style2 九分裤

仅仅露出脚踝，便令腿部显得轻盈，搭配方法也变得更加多样。

与之前的长裤相比，裤脚稍稍变短立刻令整体形象变得轻盈起来。九分裤不适合过于厚重的男友款皮鞋或靴子，但非常适合芭蕾鞋、凉鞋、船鞋等露出脚背的鞋子。一条九分裤能让你的穿着更丰富多彩。

另外，对于成熟女性来说，想要漂亮，总归离不开"显瘦""显年轻"这两个关键词。可以说解决了这两个问题，就基本掌握了超越年龄限制的穿衣技巧。

本书在为大家讲解关键法则的同时，也展示了多种搭配方案以供参考，希望能对各位读者有所帮助。

## 最重要的不是"掩饰"，而是思考如何"弱化"

让我们先来看一个体现超越年龄穿衣技巧的例子。

假如有人比较在意自己的体形，通常会挑选看起来能够掩饰体形的服饰。但从超越年龄的视角来看，与其穿上宽大的衣服，不如通过配搭小饰物或者调整整体造型来转移他人的视线，弱化缺点，提高整体的平衡感。这就是超越年龄穿衣法的基本思路。

一旦掌握"弱化缺点"或者"转移视线"的方法，你将发现，它可以应用在服饰及色彩搭配等各种时尚造型当中。只要掌握技巧便不会再受年龄困扰，所谓超越年龄即是如此！

当你真正摆脱了体形和年龄的困扰，就可以挑战更有难度、更加漂亮的衣服，这正是超越年龄穿衣打扮的有趣之处。

爱美之心源自"好想试穿"的愿望，穿衣技巧则为这种挑战精神提供支持，让我们有更多试穿的勇气。每当我们遇到一件有挑战性的衣服时，不要退却，想想看有没有更高明

# Style3 七分裤

露出纤细的小腿，脚步更加
轻快，整体感觉轻盈舒适。

露出小腿最纤细的部分，
给人以轻盈舒适的感觉。在饰
物搭配上可以发挥想象力，挑
选更加多样的款式。不过，由
于整体上缺少了严肃的气氛，
不太适合较庄重的场合。

的技巧, 然后大胆去试穿吧。

在因为体形、年龄放弃之前, 请先忠于自己的内心,"好想试穿": 这是一切的起点。

## 用裤长来验证下半身的搭配技巧

那么, 让我们用裤长的变化（第10、12、14、16页的配图, 同样白色上衣搭配不同长度的裤子) 来验证一下何谓超越年龄的穿衣法。

首先是第10页的长裤, 它能完全遮盖腿部轮廓, 因此有不少人喜欢。但是, 你知道如果选择了这个长度, 在搭配方式上将受到多少限制吗?

第一大限制是鞋子的搭配。长裤只能选择样式最普通的船鞋或短靴, 给人以硬朗的印象。搭配的上衣, 同样只能选择中规中矩的样式。

接下来是第12页的九分裤和第14页的七分裤。和长裤相比, 它们显得更清爽, 自然给人以轻快的印象。长裤只能搭配样式呆板的鞋子, 但九分裤和七分裤却有更多的选择。上装的搭配也更为灵活多样, 偏正式的夹克或者时下流行的短款小西服等都是不错的选择。

最后是第16页的五分裤。如何搭配打底裤袜或鞋子是决定五分裤穿着印象的关键。

随着裤长的缩短, 脚部的搭配变化显得越来越重要。或者说, 如何展示你的小腿和脚踝将体现你的超越年龄搭

# Style4 五分裤

更具流行感的五分裤，要通过更高的搭配技巧才能展示出成熟女性的魅力。

裤长较短的情况下，如果搭配过于简单，容易给人以随便的印象。穿着五分裤最好搭配打底裤袜或靴子，使五分裤与腿融为一体，更加协调。轻快的整体轮廓，刚好能展现出成熟女性才有的舒适感与品位。

配技巧的水平。因此，我们说裤长是决定全身搭配方案的关
键点。可惜，裤长的选择却常常被人忽视。

如果想改变自己一贯的形象，想看上去更加年轻清爽，
那么第一步请先从改变裤长开始吧。挑战自己从未尝试过
的裤型，体会各种搭配技巧带来的乐趣，你一定能感受到超
越年龄的穿衣法所带来的非凡效果。

对穿衣打扮充满迷茫的你，
不知该如何搭配服饰的你，
让我们从掌握4个基本法则开始吧。
了解并运用这些法则，
试穿曾认为自己无法驾驭的服装，
你将变得轻松快乐，
发现新的自己，从此迈出第一步。

# 女人穿衣基本法则

# 基本法则1
# 确定轮廓

## I 线条 / X 线条 / A 线条

　　每天考虑该穿什么的时候，在确定衣服款式之前，首先应该确定整体形象的基本轮廓。与在意腹部、臀部、腿部的赘肉相比，如果能先从全身的整体轮廓出发去考虑，则更容易接近自己意欲展现的形象。

　　整体线条轮廓可通过收紧腰身、调整裙/裤下摆的宽松度、裸露肩部等来调节，比较有代表性的是I、X、A、H、T线条。其中，特别为成熟女性推荐的便是I、X、A这三种线条。其中尤其需要掌握的是I形搭配。类似在第22页的配图中，全身服饰都用一种色调统一，配以整体简洁的纵向线条，能带来相当不错的显瘦效果。

　　此外，在第23页还将I形轮廓进一步灵活应用，通过"色彩对比"搭配出I线条。加一件对比色外套，可令原来的I线条更为突出。另外还可通过长短不同、面料不同的衣物的叠穿来搭配出I线条。

**I线条**

成熟女性的基础搭配，首先推荐如英文字母的"I"形轮廓。将视线纵向拉长的长方形轮廓，会令你看起来更苗条修长。

**X线条**

收紧腰身，整体轮廓看上去像英文字母的"X"。它能突出身体曲线，显得更富有女人味。

**A线条**

紧凑的上半身与流畅宽松的下半身线条组成英文字母"A"，能有效弱化过于丰腴的下半身。

# I 线条基础搭配
## Basic

相同色调的搭配

全身相同色调搭配I线条，强调纵长感，为终极显瘦搭配法。

该造型全身使用有收缩感的棕色调，再配以有拉长效果的长款针织衫与长靴，从色彩到轮廓都统一成I线条。与素色的长衫不同，半身裙选用同色系的蕾丝材质，成为整体的亮点。同色无花的面积过大容易让人觉得沉闷，一处细节上的小改变立刻令整体形象轻快起来。

# I线条延伸搭配
## Variation

色彩对比的搭配

## 》》深棕色外套强调里层 I线条

先用打底衫和裤子搭配出白色的I线条，加一件对比色的外套，里层的I线条得到进一步强化。里层用浅色系打造I线条的同时，外套选择深对比色。通过加强内外对比度，强调I形轮廓。

# I 线条延伸搭配
## Variation

色彩对比的搭配

## 》》 对比色外套强调深棕色 I 线条

白色的外套与对比色打造的 I 线条，令整体形象更为紧致修长。外套选用与里层 I 线条对比强烈的色彩，这个技巧可令全身的 I 线条更鲜明、更有层次感。

# I 线条延伸搭配
## Variation

不同长短的搭配

 **长款打底衫打造轻快 I 线条**

选择同色 I 线条搭配时，需要注意，同色的面积过大会给人沉重的印象。应尽量避免出现一整块毫无变化的同色系搭配。可将外套的长度缩短，与打底衫形成不同层次，整体感觉更轻盈。

# I 线条延伸搭配
Variation

垂感面料的搭配

>> **垂感面料打造更流畅的 I 线条**

用顺滑下垂的面料打造出 I 线条，即便是宽松式设计，只要面料垂顺就能避免横向扩展，可以形成自然的纵向延伸线条。上下都选择垂感面料效果更佳。

## 基本法则2
# 挑选颜色

## 选色1　不浑浊的鲜亮色彩

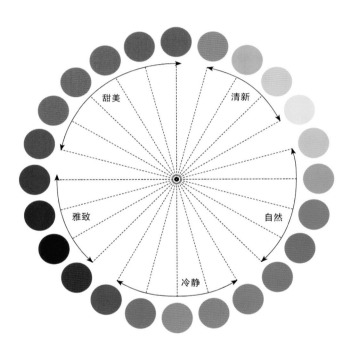

甜美　　清新

雅致　　自然

冷静

上图色表使用第30页色表中鲜明色调（vividtone）的颜色。

色卡资料提供：（C）iro-color.com

　　年龄越大，越要选择鲜亮的颜色。亮色没有浑浊感，可令肌肤看上去更透明，还有减轻肌肤暗沉的高光效果。与暗色调相比，鲜亮的颜色能给人更年轻的印象。

　　色调鲜亮的服饰搭配诀窍是，只能在上半身选择一件该色单品。比如要搭配右边那件鲜亮的长款开衫，可在项链、鞋子等小物品上使用同色系。作为点缀，不要仅仅突出一点，而要考虑到服饰的整体平衡。如果选择鲜亮衣服的信心不足，则可从配饰开始尝试不同的色彩，逐渐掌握之后将不再排斥。

　　那么，该如何挑选适合自己的鲜亮色彩呢？这其实和每个人的肤色或当时的流行趋势有关，不能一概而论。可通过想象色彩的性格特点，挑选能给自己形象加分的颜色。第27页的色表中大致介绍了各种颜色的性格，可供您参考。

# 艳色的基础搭配
## Basic

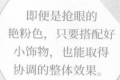

即便是抢眼的
艳粉色，只要搭配好
小饰物，也能取得
协调的整体效果。

选择类似长开衫这样大面积
衣物时，如果能同时搭配项
链、鞋子等同色调的小饰
物，则能改善颜色过于突出
的感觉，取得整体色彩的平
衡。穿着鲜亮的颜色时请记
住这个诀窍——"1处多，
2—3处少"。

# 选色2 根据色调选择

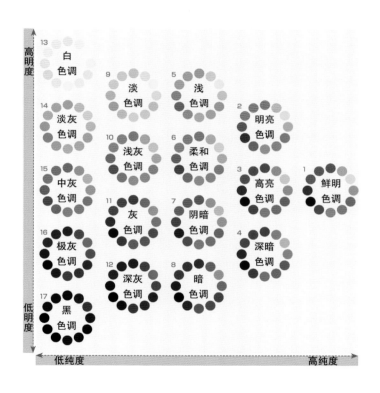

色卡资料提供：（C）iro-color.com

　　造型搭配中使用的色彩，并不仅仅是鲜亮的颜色。每种颜色都有多种色调，同样的颜色由于色调不同，既可艳丽，也可暗沉。我们通常用明度和纯度来衡量一种颜色。根据明度和纯度的不同，组合成不同的色相环，就有了上页的色谱。纯度最高的是1号鲜明色调色环，明度最高的是13号白色调色环。既不鲜艳也不透明的是17号黑色调色环。我们说过高纯度的色彩有提亮效果，接近白色的高明度色彩也具有同样的效果。所以，如果想令肌肤看起来更透明，请选择高纯度、高明度的颜色吧。

　　反之，17号黑色调、12号深灰色调、16号极灰色调等灰暗的颜色穿在身上，会令肌肤显得暗沉。选择此类色调的关键是，首先用在不会影响脸色的下装。如果实在无法避免该色调的上装，可尝试在脖颈处增加白色（见第32页）。在面部与上装之间加入白色，可防止肌肤显得暗沉。

# 暗色的基础搭配
## Basic

### 叠穿白色T恤

> > >

棕色是最容易令肤色暗沉的颜色。稍稍露出白色T恤的领子，有提亮肤色的效果。

### 戴上珍珠项链

> > >

在各种项链之中，珍珠项链最能衬托肤色。而且越大越长的珍珠项链提亮效果越明显。

**叠穿白衬衫**
> > >

白衬衫领子越接近脸部就越能提亮肤
色。同时，从脖颈到脸部的V区线条
能给人年轻干练的印象。

**搭配有白色元素的围巾**
> > >

围巾花色中的白色元素，明度越高越
接近白色的，提亮肤色的效果越明
显。一条围巾能令脸色更漂亮。

## 基本法则3
# 改变面料

上下面料相同
的套装，看上去
是一整块
沉闷的颜色。

亚光羊毛面料套装，搭
配普通材质的同色系打
底衫，整体感觉既无变
化又无层次，给人一种
呆板的印象。

　　在法则1中介绍了通过选择同色系服饰、拉伸纵向轮廓达到显瘦效果的方法。但是，要想搭配好同色系的衣物，还需要一些另外的技巧，即对不同面料的使用。颜色、面料完全相同的搭配会造成左侧照片中的效果，这样一来反而不能弱化体形的缺点，所以我们需要从不同面料的灵活搭配中寻找灵感。

　　下页有三个例子，同样是套装，但通过搭配印花丝巾、增加强烈视觉效果的饰品，沉闷的套装就有了灵动的变化。如果必须穿着上下同色、同面料的套装，最好能记住这个技巧。

　　全身同色系不只有套装，穿黑色衣物时更容易遇到这样的情况：上下装都是亚光黑色面料，简直就像要去出席某个特殊场合。因为是黑色，所以要特别注意面料的挑选与搭配。下面的例子为我们讲解了如何挑选组合不同的黑色面料。有光泽感的面料、有透明感的面料、皮革面料，甚至闪亮饰物等，都有不同的搭配技巧。这种方法不仅仅局限于衣物，还可通过皮包、饰品等小物件的变化来展示不同风格的造型，扩展黑色的时尚潮流。

# 相同面料的基础搭配
## Basic

用时尚饰品
增加层次感。

### 用大片几何花纹丝巾
### 凸显面料质感

> > >

搭配与羊毛套装相衬的丝
巾，丝巾的花纹与面料为
呆板的套装增加变化，突
出层次。

**用项链的材质和款式凸显面料质感**
> > >

打底衫与外套面料相近，但只需增加一条石质或亮珠材质的项链，普通的套装也会立刻变得华丽起来。

**用缀满亮珠的胸针凸显面料质感**
> > >

一枚存在感十足、拥有闪亮光泽的胸针，刚好能打破套装的沉闷。

# 相同色彩的基础搭配
## Basic

不同面料的组合

有光泽感的外套和轻薄透明的衬衫搭配在一起，虽然都是黑色，但显得既高雅又富有层次。

这是丝绒外套和蝉纱衬衫的组合，配以做工精致的提包，赋予黑色搭配更多样的魅力，体现出高超的造型技巧。

# 相同色彩的延伸搭配
## Variation

》》 **皮革夹克同裙装面料
　　产生反差效果**

穿着给人硬朗印象的黑色皮
夹克时，要毫不犹豫地搭配
有女人味的下装。裙子上的
立体蝉纱花朵，与皮革形成
鲜明的面料反差，令整体形
象不再硬朗。

# 相同色彩的延伸搭配
## Variation

》 **质感不同的黑色面料产生反差效果，闪耀的手提包成为亮点**

想发挥单色搭配的威力，配饰的功劳不可或缺。用对比色饰品作为点缀是一种方法，而更高水平的搭配是用闪耀的鞋子或提包来调节和点缀整体造型，给人以高雅华贵的印象。

**基本法则4**
# 调整平衡

外套与裙子等比例的搭配是没有亮点的搭配。

套装的上下等比例，
没有可以吸引目光的
亮点，容易暴露体形
的缺陷。

很多人都以为上装与下装的比例相同可以取得平衡感。然而，上页的照片告诉我们，上下装等比例的穿着过于普通无味。所以，我们要注意学习打破平衡的穿法。类似于套装的衣服很难改变上下装原有比例，但如果我们能像第43页的例子一样在搭配中增加亮点，形成新的视觉焦点，就能在视觉上突破原有比例。比如，胸前的大蝴蝶结会吸引他人视线，将重心移向上半身，不但看上去更加华丽，而且能使人看上去更高挑。

不穿套装的时候，有意识地调整全身的平衡感也很重要。第44页短小上装搭配的NG例子告诉我们，如果针织衫和裙子都比较短小紧凑，不仅容易暴露体形的缺陷，而且给人一种装嫩的感觉。第46页中，上装较宽松的时候，如果下装也又宽又大，人的整体形象就会显得拖沓老成。宽松的上装搭配紧凑精干的下装才是年轻清爽的搭配窍门。

## 上下等分的基础搭配
### Basic

调整平衡，显瘦、显腿长

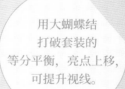

用大蝴蝶结
打破套装的
等分平衡，亮点上移，
可提升视线。

大蝴蝶结衬衫和抢眼的胸针将他人视线引向上半身，下半身同色系的裙子和靴子很好地衬托出上半身的亮点。这样一来，等分套装也能穿出高挑显瘦的效果。

# 打破平衡的上下搭配

NG
小 × 小

所有单品
都短小紧凑，
感觉
过于年轻。

开衫和裙子都是短小
紧凑型，很容易暴露
不完美的体形。外露
的部分过多，让人感
觉在扮嫩。

有分量的下装
很好地衬托出开衫的
合身效果，给人以
清秀苗条的印象。

OK
小×大

苗条紧凑的开衫搭配下摆宽
松的裙装，是一种打破等分
平衡的搭配。适度宽松的裙
摆同时起到弱化体形缺点的
效果。

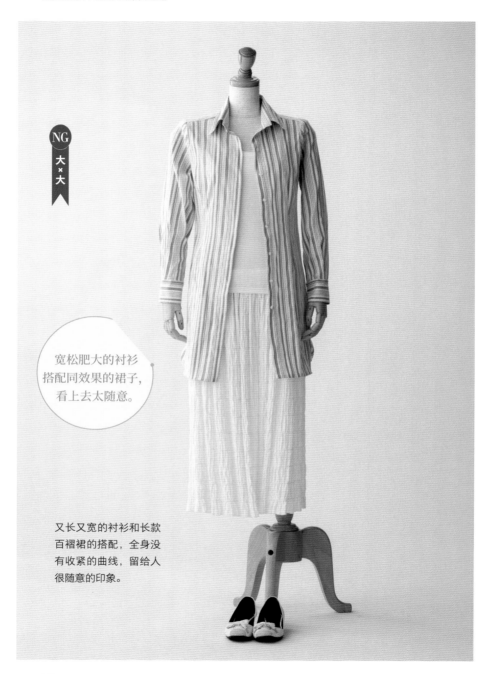

NG

大 × 大

宽松肥大的衬衫
搭配同效果的裙子，
看上去太随意。

又长又宽的衬衫和长款
百褶裙的搭配，全身没
有收紧的曲线，留给人
很随意的印象。

OK
大×小

宽松肥大的衬衫
搭配瘦腿七分裤，
看上去既干练
又有层次。

突出衬衫的分量，搭配紧
凑的打底衫和下装。技巧
就是宽大的衣物要与紧凑
型的下装搭配。

面对时尚的心态 1

# 学会发现并观察身边的"模特"

## 发现她的美丽秘诀

我们常常会看着时尚杂志或电视里的人发出感叹："哇，好漂亮！"可这些人多少都有些不食人间烟火的感觉。于是一声叹息之后，还得继续自己平凡的生活。这里想告诉大家的是，我们不用舍近求远为自己树立遥不可及的目标，完全可以从身边寻找美丽的范本——同一个社区的某个朋友、单位的同事、某个小店的女老板等。重要的是，认真地观察。

观察她们的衣着、配饰，观察她们对服装颜色、面料的选择，甚至观察她们的发型和妆容，偷偷学习她们的搭配技巧和营造不同气氛的秘诀。努力发现她们美的原因，这些同时也是你如何扮靓的技巧。随着越来越熟练地运用这些技巧，你会不断接近自己理想中的形象。

从一瞬间单纯的"美感"到将其解剖为具体的搭配技巧，是一个非常重要的飞跃。当你能根据体形骨架的不同挑选适合的色彩、款式时，你就能创造出属于自己的时尚风格了。

至此，你将真正迈入时尚的大门。

通过观察范本，能学会在
脑海中描绘不同的搭配风格。

## 在大街上也要观察美人

不仅要发现身边的模特，还要观察大街上形形色色的美女。喝咖啡的时候，等车的时候，观察一下周围的人，看看大家都是如何穿着打扮的。同年龄的女性自不必说，年轻的男士、女士，甚至包括奇装异服的人，你都可以调动你的感官去发现他们的特点，"眼力"就是这样练成的。同时，养成思考他们为何会这样搭配的习惯，边看边思考，一定能找到属于你自己的时尚秘诀。

同样是白衬衫，同样是外套，
为何有人穿着会显老、土气呢？
其中必有原因。
即便是同样的选择、同样的服饰，
人与人之间总会有些微妙的差别，
正是这些差别带给我们不同的印象。
我们用10件基本款来比比看，
它们与自家白衬衫、外套的不同之处在哪儿，
试着总结出感觉不对的原因。

提升品位的基本款搭配技巧

## 白衬衫 *01*
Item number

有光泽感的
优质面料，
合身的穿着感受，
领子和袖口的细节，
都是挑选要点。

干练、清爽的白衬衫，如果不注意细节的挑选，很容易变成老气的制服款。挑选衬衫要注意以下几个关键之处：袖口和领子的细节设计，面料是否轻盈有光泽感，版型是否修身、是否为立体裁剪，穿着是否舒适合体、便于活动。

### ①大领口和纽扣的位置

挑选领座高、大领角的设计能增加整体的干练印象。松开第一颗纽扣适度露出脖颈，可显得人更高挑。

### ②收腰款型

最能反映流行趋势的是腰部的款型。收腰贴合身形的设计能为造型加分。

### ③可反折的袖口

反折袖口，强调手部线条，同时略带男装风格，进一步加强干练印象。

**强调腰部曲线的造型**

> > >

衬衫和裤子，看似简单的
搭配，但因为突出了腰部
线条并关注细节设计，完
全符合外出场合的着装要
求。同时深色的打底衫和
饰品将他人视线上移，加
强了高挑清爽的印象。

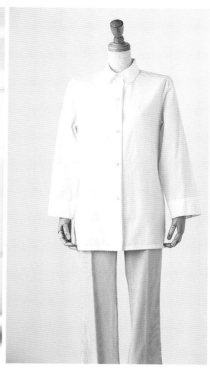

## 同是白衬衫，哪里NG?

> > >

衬衫过长，且没有腰线，感觉像男装。
小领，袖口不反折，从这些细节仿佛看
到时光倒流。僵硬的版型作为打底也不
合身，显得过于呆板。

## 大翻领、反折袖口、稍露衣脚是整个造型的亮点

> > >

长款针织衫面积大，容易令上半身显得厚重，但搭配翻领白衬衫，露出袖口和衣脚，立刻
增加了动感和层次，令整体感觉更轻盈。日常便装常用的横条纹，因为白色的点缀也变得
更加成熟稳重。

## 无袖打底衫
Item number *02*

无袖打底衫类似内衣，所以要考虑适度的裸露以及高品质的细节，这些是熟女穿衣的关键要素。

无袖打底衫是百搭内穿款。透过外套隐约可见的领口、袖口和小腹周围是挑选的重点部位。应避免过于凸显身形的轻薄面料或紧身款，挑选略微宽松的款式。此外，与纯白色相比，稍微偏象牙白色更容易与肤色相衬，不会让内衣显得过于喧宾夺主。

**①选择宽肩带**

细窄肩带容易滑落，且显臂粗，选择
宽肩带款式能避免过多的裸露。

**②领口切忌过于宽大**

挑选大小适度的领口，尤其要避免弯
腰屈身时容易走光的领形。

**③可盖住小腹的衣长**

前身稍稍带有褶皱或略长的款式，可
很好地遮盖腰际和小腹的赘肉。

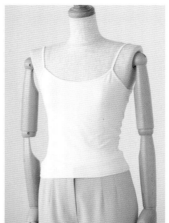

**作为轻薄开衫的打底**

> > >

蝉纱或其他轻薄的开衫离不开无袖打底衫。宽肩带的打底衫即使搭配透明外衣也能令人安心。深V领开衫与打底衫的领形相配，给人以清爽的印象。

**同是无袖打底衫，哪里NG？**

> > >

细肩带款会暴露胳膊上的赘肉。打底衫的长度刚好在小腹以上，更会将别人的视线引向你丰满的腹部。

### 长衬衫搭配无袖打底衫

> > >

长款衬衫可适度修饰腰部和臀部的身形，给人以安心感，许多人往往因此搭配短款打底衫。但请注意，前开扣的长衫同样会暴露腰部和腹部的赘肉，因此，适度宽松且可盖住小腹的打底衫才是正确的选择。

## 牛仔裤
Item number *03*

宽松款仿旧牛仔裤：
既有适度的休闲感，
又能体现熟女的
穿衣品位。

　　熟女的牛仔裤，为大家推荐能带来轻快感的卷边穿法。男友款牛仔裤的裤形稍稍宽松，非常百搭。窄脚或紧身牛仔裤对腿形及身材要求高，而且有装嫩之嫌，容易让人觉得轻浮。所以对熟女来说最重要的是适度宽松。

**①挑选后腰高的牛仔裤**

低腰牛仔裤里有种前腰低、后腰高的
款式，这种设计穿着更舒适，是不错
的选择。

**②有收臀效果的后兜**

牛仔裤的后兜要选择明兜，可适当修
饰宽大的臀部。

**③褪色仿旧牛仔裤**

适度褪色的仿旧感牛仔裤既可高雅，
也可休闲，百搭好穿。但是如果褪色
过度反而会在视觉上有膨胀效果。

**甜美风的针织衫与牛仔裤搭配**

> > >

熟女穿着牛仔裤最重要的是不能过于休闲。适度甜美的针织上装，既不太随意，又不过于单调，非常适合搭配牛仔裤。宽松有空气感的上装下摆，搭配卷边牛仔裤，使步伐看起来更轻盈。

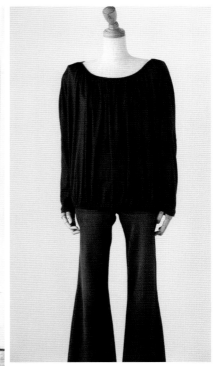

### 同是牛仔裤，哪里NG？

> > >

照片中针织衫和窄腿阔脚牛仔裤的搭配
完全NG。看上去像20世纪的穿着。

### 黑色外套打造熟女风格

> > >

稍显庄重的黑色外套和卷边牛仔裤的帅气
搭配。偏正式的黑色外套可以降低牛仔裤
的休闲感，显得更大气。

## 黑色高领衫 04
**Item number**

选择合身的细竖条纹黑色高领衫，单穿或打底都很百搭显瘦。

无论单穿还是打底，黑色高领衫最重要的就是合身。因此最好选择贴合身形且略薄的细竖条纹面料。此外，如果衣身和领子的接点高，看上去二者就仿佛融为一体，令整个纵向线条连贯统一，既有拉伸效果又显得干练。

**①又高又细的领子**

高高的领子贴合下巴，延伸了纵向线
条，可带来颈部细长的视觉效果。

**②有紧身效果的竖纹织法**

收腰款式的竖纹织法，打底穿也不
会觉得臃肿，能展示出漂亮的身体
曲线。

**③必须有细长的衣袖**

直到手背的长衣袖，能令手臂看上
去纤细修长。紧身衣袖打底穿也很
漂亮。

### 增加点缀的配饰

> > >

时下流行的休闲款或个性款配饰、各种好玩的小饰品都能与基本款黑色高领衫搭配。由于配饰的点缀，单色的上衣也能变得更有平衡感和层次感，令既简单又时尚的穿着成为可能。

### 同是黑色高领衫，哪里NG?

> > >

衣身是横条纹织法，袖口、衣角用竖条纹织法，这种款式的针织衫往往宽松不贴身。照片中裤装的搭配也显得很土气。细微的差别可让你的形象有很大的不同。

### 可作为连衣裙的打底衫

> > >

在比较难搭配的花纹连衣裙里穿上黑色高领打底衫，V领和手臂处露出的黑色针织面料，使原本喧闹的花纹安静下来，给人更柔和的印象。黑色特有的收缩感，令整体造型更加紧凑。

# 花朵图案衣服 05
## Item number

挑选可爱
的花朵图案，
要选大朵且亮丽的，
打造既华丽又年轻的
新鲜形象。

花朵图案容易让人觉得孩子气，许多人因此不敢轻易尝试，其实，只要掌握好搭配技巧，大可放心选择花朵图案，既可穿出个性和品位，也是成熟的标志。最简单的方法是选择有花朵图案的裙子，然后通过上装来调节改变下装的图案效果。即便略显大胆的图案，也能变得时尚。但如果在上装中也出现花朵图案，那么给人的印象就很难改变。

### ①选择大花朵图案

大花朵的图案会吸引目光，有强调效果，可有效修饰体形。

### ②选择艳丽的色彩

和大花朵图案类似，艳丽的色彩也有转移视线的效果。图案色彩艳丽的裙子，可展现出年轻的跃动感。

花朵中的红色与打底衫
的色彩相呼应
>>>
将裙子中偶尔出现的红色
作为打底衫的颜色，上下
搭配立刻协调起来。外套
选择柔和的中间色，是整
体造型的亮点。

**同是花朵图案，哪里NG？**

> > >

小朵印花图案的底色是白色，上装也是白色，典型的选色错误。上装色彩是印花图案中面积最大的颜色，过于一体化，毫无亮点。

**紫色的上装与下装的紫色花朵呼应**

> > >

上装颜色的挑选，可与下装花色中最不起眼或者小面积花色的色彩相同。不仅搭配花朵图案时如此，在搭配多色印花图案时也可采用此方法。看似不经意的配色，却营造出既讲究又个性的搭配。

# 水玉点花衣服
Item number 06

单色大圆点图案
更适合成熟女性。
不刻意装嫩的
低调搭配是关键。

　　从婴儿装到男装，许多服饰上都能看到水玉点的身影，但是圆点的大小和配色不同会带给人完全不一样的印象。要想展示成人的考究品位，最好选择明显的大圆点图案，并且是色彩简单的款式。上衣也尽量搭配简洁的款式，打造"一点华丽"的造型。

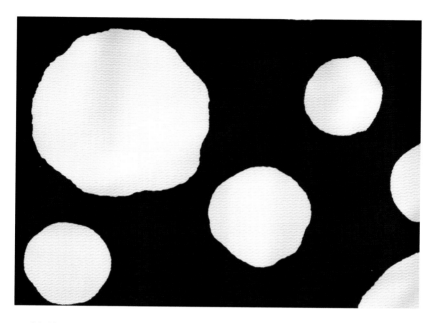

**选择单色水玉点**

原本具有流行感的水玉点图案，如果
颜色多样容易给人孩子气或者装嫩的
感觉。推荐黑、白、灰的单色图案，
这样即便是大圆点也不会过于流俗，
从而使高雅的圆点造型成为可能。

### 白色水玉点和白衬衫
### 的和谐搭配
> > >

下装的水玉点和上装的白
衬衫联动，营造出清新的
气场。单色水玉点图案的
搭配诀窍是，上衣不选择
下装图案中没有的颜色。
同时，可像图片中一样，
在手包等饰品上大胆使用
有点缀效果的强调色。

**同是水玉点，哪里NG?**

> > >

细碎的圆点图案虽可增加清纯感，但更强调少女般的纤弱印象。此外，数量较多的青色圆点配以同色系的青色上衣，整体感觉过于普通。

**和黑色毛衫的雅致搭配**

> > >

裙子的黑底色与黑色毛衫协调统一，给人雅致大气的印象。主色调为黑色，同时有不错的显瘦效果。严肃的黑色中，跳跃着醒目的白色圆点，整体搭配稳重而不失年轻的活力。

# 动物纹服饰 *07*

Item number

色彩对比强烈的图案适合小饰物，色彩对比柔和的图案适合大物件，保持高雅感是关键。

**裙子上的豹纹图案**

\> \> \>

像裙子这样面积较大的单品适合较柔和的豹纹。大面积使用对比强烈的豹纹容易显得品位不高。

**斑马纹的提包**

\> \> \>

在各种配饰中，动物纹和提包也比较搭。像斑马纹这样华丽的图案完全可以用在高雅造型的配饰中。

　　选择动物纹的要点是能否给人高雅的感觉。亮闪闪、明晃晃的饰物或有动物头像的图案都会给人过于花哨的印象，应尽量避免。色彩对比强烈的图案适合小饰物，通常用来做点缀。柔和的花纹可用在大面积的服饰上。

### 围巾用几何变形后的兽纹图案
> > >

围巾通常用在面部附近，因此，稍做几何变形而没有明显兽纹感的图案更容易搭配。

### 鞋子上用小兽纹图案
> > >

露脚背的船鞋如果使用小兽纹图案，脚部会更富于变化。和围巾、提包等兽纹图案配套使用，可增加整体协调感。

**豹纹裙搭配硬朗风格的皮革外套**

> > >

色彩对比柔和的豹纹裙搭配皮革外套。豹纹和皮革都容易给人视觉冲击，如果颜色艳丽，会令整体形象过于强烈，大部分人都难以驾驭。而柔和色调的豹纹裙，反而会有女人味儿，即使与硬朗的上装也可轻松搭配。

### 同是豹纹，哪里NG?

> > >

上装中采用两色对比豹纹图案
非常危险，因为上装会直接决
定脸部给人的印象，感觉品位
不高。同时搭配普通长裤过于
简单，看上去像大妈。

### 用几何变形的豹纹围巾来做点缀

> > >

素雅色调的衣装搭配与其协调的豹纹围巾，适度的装饰效果令人满意。与服饰中的主色
调相同的豹纹饰品能令整体感觉更高雅时尚。

# 绅士款短外套

Item number *08*

制服风格的
绅士外套，
只要掌握搭配技巧，
就能享受多种造型。

　　绅士外套的垫肩和适度的收身设计，穿着时能让你的身姿更挺拔。穿着要点是，搭配甜美风格的衣装和配饰，避免看上去像求职正装。利用制服风格的反效果，能令你显得更年轻。

**①前襟尽量简洁**

绅士款外套的搭配亮点在于，松开衣扣，露出漂亮的打底衫。假如是烦琐的双排扣，不扣扣子会给人随意、松散的印象。所以应该选择前襟简洁的款式。

**②腰部有收身效果**

腰部的收身设计是修饰体形的亮点。如果腰身宽松会感觉像西服，不仅缺乏女人味儿，而且很难搭配。

**③自然的肩部线条**

最能反映时代感的就是肩部的设计。应该避免宽大的肩部线条，挑选垫肩不过于明显、有自然线条的款式。

**搭配花边衬衫强调女人味儿**

> > >

内穿大花边的衬衫，袖口和胸前都露出可爱的花边，增加甜美感。绅士外套的硬朗和衬衫的甜美恰到好处地融为一体，打造出成熟女性的高雅造型。

**同是绅士款，哪里NG?**

> > >

由于没有腰身，完全成了男装。宽大的肩部，过长的衣摆，完全脱离了时代。这样的款式即使搭配时尚配饰也无济于事。

**搭配流行配饰营造自我个性**

> > >

衬衣的大蝴蝶结成为不错的点缀，搭配流行款的贝雷帽、流苏背包、胸针，还有牛仔裤，给人以年轻活力的印象。选择低调配色，增加时尚配饰，令造型既有品位又稍显奢华。

# 无领款短外套
## Item number 09

被称为百搭款的
无领短外套，
最好选择
苏格兰呢面料。

　　对于无领短外套，很多人都先入为主觉得过于正式，其实
完全可按开衫的效果来随意搭配。挑选的要点是面料。一般选择
像苏格兰呢一样有凹凸感的面料。外套的存在感较强，因此内搭
衣物和下装的面料更加随意，和皮衣的感觉类似。

①适度的领口尺寸

想象露出或盖住内搭衣物的领子的情形，选择既不过松又不过紧，刚好与自己锁骨吻合的领口尺寸。

②立体手感的面料

类似苏格兰呢有凹凸感的面料存在感较强，更适合内搭轻薄的绸缎、棉纱类衣物。

③适度的衣长

遮住臀部的衣长太过呆板，容易显老。

**与牛仔裤搭配的日常穿着**

> > >

内搭有光泽感的蝴蝶结衬衣，显出优雅的女人味儿。下装搭配直筒牛仔裤和平底鞋，增添适度休闲风格，呈现出一个较高水平的造型。

**同是无领短外套，哪里NG？**

> > >

半长不短的外套失去该有的轻
快感。即便和同款连衣裙搭
配，衣摆下露出的裙长也半长
不短，重心下沉，使整体形象
显得沉重老气。

**与优质绸缎面料连衣裙的搭配**

> > >

与轻薄面料的服饰搭配，凸显出外套的材
质。但要注意，系上衣扣会给连衣裙的优
雅打折扣。敞开衣扣，搭配一条长珍珠项
链，可以很好地延伸纵向线条。

## 变形款短外套
Item number *10*

衣领和衣摆设计
有趣的短外套，
注意选择腰身和
衣袖贴合身形
的款式。

变形款短外套作为衣柜里第二或第三选择很受欢迎。领子的设
计比较有特点，前开的款式很容易打造出别致的造型。内搭服饰尽量
选择简洁款，在协调外套随意风格的同时，又能给人时尚的印象。

**①腰身必须收紧**

由于领子和衣摆较大，所以腰身的线条必须收紧，否则会给人以随便的印象。注意挑选衣身线条松紧协调的款式。

**②细长的衣袖有显瘦效果**

领子和衣身的分量感是这款外套的特点。同时细长的衣袖自然下垂，增强了整体的显瘦效果。

**与稳重色调的连衣裙搭配**
> > >
变形款外套的最大亮点在
于斜裁的衣摆，动感十足
的衣摆可有效转移下腹部
的视线。同时，即便搭配
如此低调的连衣裙，斜裁
设计依然能带来变化，打
破呆板印象。这是一套很
有技巧的搭配。

**同是变形款外套，哪里NG?**

> > >

没有收腰效果的外套，整体感
觉过于随意。袖长和衣长都不
尽如人意，无法起到修饰体形
的效果。

**围巾进一步提升视线**

> > >

在外套上搭配一条围巾，进一步强调动感
效果。下装搭配细腿卷边裤，更使视线集
中于上半身，给人高挑印象。这是一个可
有效修饰臃肿下半身的搭配方案。

## 面对时尚的心态2
# 准备能照全身的穿衣镜

## 从头到脚镜子里都能看到吗

你是否有过走在街上突然从路边的橱窗里看到自己时，发现"啊，坏了……"的情形？橱窗里的那个人是出门前在镜子里看到的自己吗？打底衫将外套撑开变了形，裤子和靴子的长短完全不搭，裙子从大衣底下露出来……

每件单品都是精心挑选的，整体感觉却并不如意。到底哪里出问题了呢？原因就在于穿衣搭配时没用全身镜。

## 整体造型的平衡最重要

想要衣服穿着得体，全身造型的整体平衡是最重要的。平衡两个字实际上有太多内涵。上装和下装的分割比例及整体轮廓、服装色彩和肤色的协调搭配、配饰的款型和大小等，如此多的细节，只靠一面能看脸周围的小镜子根本不能解决问题。将整体形象全部放入视野的调整和搭配才能达到最终的造型效果。我自己早上也是非常忙碌的。前一晚准备好的服饰到底协调与否，都需要早上站在全身镜前从头到脚仔细观察调整一番。看看镜子里整体造型的轮廓和线条是否流畅，色彩是否和谐，小饰物的搭配是否恰到好处，发现不得体的地方要马上调整。

打造整体平衡必不可少的是
与全身镜中的自己坦诚相对。

　　每天这样的确会有些麻烦，但是如果真想打造出美丽的自己，那就一定需要一面等身大的镜子，通过它来发现让自己最美的平衡点。省去这一步是无法变成时尚达人的。

曾经认为只要"自然的""基本的"款式加上
"雅致"的色彩，就能获得安心、得体、
合时宜的搭配，没想到事与愿违，却留给
人"土气""过时""单调"的印象。
以为搭配具有流行气息的配饰可以显得年轻，
结果反而暴露了年龄。
有时，因为对时尚的过分追求和一知半解的认识，
反而更容易掉进色彩、面料、款式的陷阱。
所以，让我们再来进阶一下，
看看如何展示出你原本想要的造型。

打造你想要的造型

# 雅致与单调的界限

朴素简洁的
安心感
之策略1

**米色的练习**

项链
米色

+

网眼丝袜
肤色

+

凉鞋
金色

搭配米色
小配饰打造
高雅造型

全身都选择米色系的雅致搭配。有金线的米色面料和项链的光泽感，即使出席小型宴会也完全可以胜任。在米色作为基础色的情况下，与亚光面料相比，蕾丝或者有光泽感的面料感觉档次更高。

　　唯有米色能展示出成熟女性的稳重与高雅，但如果全身都用相同的面料则容易显得老气。挑选带有金线，或有光泽感，或者透明织法的不同面料，对打破单调的配色有非常重要的作用。此外，各种米色之间会有微妙的色差，因此不推荐多色搭配，原则上米色加上另外一种对比色的双色造型比较协调。在此基础上增加一件有强调效果的配饰即可提高整体品位。最后，请别忘记下装和鞋子的搭配也会极大地影响全身形象。

用深棕色
作为对比色

项链
深茶色

+

丝袜
肤色

+

皮鞋
棕色

更换内搭连衣裙，选
择深棕色、黑色或深蓝色等
深色系的内搭，增加强烈的
对比度，给人更加年轻的印
象。反之，如果用柔和的浅
棕色做内搭就容易给人老气
的印象。

增加蓝色
作为点缀色

围巾
蓝色系

+

紧身裤
棕色

+

靴子
棕色

在左图的基础上增加蓝色作为点缀色。关键要挑选与基础色米色和对比色深棕色都能协调搭配的色彩。点缀色一般用在围巾等小面积的配饰上。点缀色过多或面积过大都容易将整体形象变得过于休闲。

# 米色的延伸练习
Variation

用有光泽感和
蓬松感的面料
演绎高贵、华丽的
米色搭配

项链
米色

+

赤脚

+

平底鞋
珠光米色

成功打造单一配色的造型，关键在于如何展
示出华丽风格。照片中带金线的针织衫搭配褶皱
半身裙，令日常穿着不失高贵。注意包括配饰在
内的单一色彩组合，以及面料的选择，就能展示
出有存在感的雅致造型。

搭配
暖色调的配饰，
打造休闲风格的
米色造型

围巾
橘色&红色

+

赤脚

+

靴子
棕色

　　纯米色服饰，如果款式
年轻时尚或者是纯棉面料，
虽说不至于单调，但容易带
来过于休闲的感觉。搭配暖
色系的围巾等配饰，可适度
增加温柔甜美的熟女风，减
弱休闲气氛。

**朴素简洁的
安心感
之策略2**

灰色的练习

项链
灰色

+

丝袜
肤色

+

皮鞋
灰色

用深浅不同的
灰色营造出
节奏感。

外套注意挑选能将脸
色映衬得更明亮的浅灰色。
而且，带有褶皱和略微轻薄
透明的面料能打破灰色的单
调。细节处的独到设计营造
出更轻快的印象。

　　服饰中的灰色虽然具有知性干练的特点，但也容易显得脸色暗沉，因此在色彩搭配中需要稍加留意。推荐将更能映衬脸色的银灰色作为围巾或上衣的颜色，下装选择有收缩效果的深灰色。灰色与米色不同，容易深浅搭配，可令整体风格显得更高雅。

搭配黑色
作为对比色

项链
黑色

+

赤脚

+

皮鞋
黑色

与102页的造型相比，
搭配黑色项链和长裤，增强
了瘦身效果。深色的对比色
将灰色外套映衬得更加轻
快。对比色颜色越深，整体
的瘦身效果就越明显。

增加橘色
作为点缀色

围巾
橘色系

+

丝袜
肤色

+

皮鞋
粉米色

　　在左图造型的基础上增加橘色系围巾作为点缀。暖色的加入，使原本偏冷的灰色变得更具时尚感。如果选择冷色系的点缀色将带来潇洒雅致的印象，但无论哪种点缀，都需注意不能是暗沉的色调。

# 灰色的延伸练习
## Variation

利用颜色深浅
变化的魅力
打造单一灰色
造型

项链
灰色系

+

网眼袜
灰色系

+

皮鞋
米白

　　连衣裙的印花图案和灰色开衫分别是深浅不同的灰色，给人以高雅的印象。简洁款式的搭配，如果色调过于单一，容易让人感觉过于单调冷酷。在项链、皮鞋等配饰中避免纯白色而选择温暖的米白色，可令整体色调协调而有韵味。

运用白色、
黑色的灰色
系造型

提包
白色×银色

+

赤脚

+

平底鞋
银色

　　将白色上装与黑色下装用灰色短开衫协调
搭配起来，展示出高水平的技巧。篮式提包、
内搭、鞋子都选择银色，原本感觉厚重的半身
裙也能显得轻盈雅致。裙子上的黑色图案成为
全身的有效点缀，清冷的单色与甜美的款式得
到很好的协调统一。

# 年轻与装嫩的界限

## 分清"出格"与"出众"：流行衣物的搭配方法

　　享受时尚之美，必不可少的是流行元素。但并不是说流行元素越多越好，"可穿"和"得体"是两个完全不同的概念。不假思考地穿着流行服饰，很可能被衣服喧宾夺主，或者让人觉得"装嫩"，结果并不是印象"出众"，根本是"出格"。希望大家一定要避免这样的情况。

　　那么到底该如何搭配流行元素呢？首先，需要注意的是挑选衣服的方法。流行元素的比例要适度。只要带有时下的设计轮廓或个别细节，就能体现出新鲜的时代气息。

　　其次重要的是穿着方法。常常有把年轻人的穿着当成范本的人，即使体重和年轻时别无二致，但年龄的增加还是会带来一些气质、体形方面的变化，因此，熟女应当有自己的穿衣风格。

　　针对所有的流行款式我们提出三条原则：不过于追逐流行趋势，不过度裸露肌肤，不过分休闲随意。从下面开始，将依次列举五个流行元素的搭配案例，明确地告诉大家为何会NG，帮助大家发现"出众"与"出格"的差异，掌握搭配流行服饰的技巧，从此与"出格"说再见。

# 袍式连衣裙
Tunic one-piece

**衣领部的褶皱和泡泡袖的设计展示出成熟风格**

**＞＞＞**

生机勃勃的印花图案和衣领部的褶皱、宽松的泡泡袖，展示出熟女应有的衣着品质。适合外出的连衣裙搭配日常款瘦腿裤，适度休闲正是时下的流行风格。

110

**这里NG，"出格"的搭配**
> > >
与无袖背心叠穿看起来像围
裙，不适合熟女作为日常外出
穿着，可在居家或海边度假时
尝试这种风格。

　　类似吊带背心的连衣裙，窄窄的肩带，给人过于休闲的印象。除了海
边度假的场合之外，最好还是选择有袖子的款式。光泽感面料或者泡泡
袖都能增加女人味儿。袍式连衣裙本身容易显年轻，因此挑选时需要注
意避免过于甜美的细节和色彩。

# 蓬蓬裙
Balloon

过膝半裙和长靴营造
出熟女的浪漫风格
> > >

换成抽象图案、过膝长度的半
裙，搭配宽松款式的长靴，腿
部适度的休闲感和裙子的甜美
风很好地融合在一起。如换成
甜美风格的浅口皮鞋则会显得
过度甜腻。

**这里NG，"出格"的搭配**
> > >
格子图案的短裙就已经显得过
于年轻，再搭配泡泡袖白衬衫
和黑色褶皱马甲，看起来像个
中学生。

　　蓬蓬裙的轮廓充满浪漫风情，挑选要点是关注裙长、图案与颜色。米
色、灰色、几何图案的款式更适合熟女穿着。过短的裙长、花朵或圆点图
案、浪漫的浅色系，容易给人过于年轻的印象，最好避免。

# 木耳边
### Frill

因为是深蓝色，多些
木耳边也能显得成熟

＞＞＞

袖口和衣摆、领口使用了
大量的木耳边，如果是柔
软的羊毛面料则会显得过
于甜美。项链、皮鞋都选
择成熟的深色，给人以雅
致、稳重的印象。

**这里NG，"出格"的搭配**
> > >
仅仅是带木耳边的艳黄色开衫就已经显得十分甜美，再搭配小碎花图案的半身裙，感觉像小女孩的穿着，和年龄完全不相称。

　　带有木耳边的衣服最好选择单色或者冷色系的款式，适度甜美非常重要。避开过于女性化的暖色系或者柔软面料，整体形象干练的款式中增加一些木耳边作为点缀可谓甜度适中。

# 低腰裤
## Low-rise pants

**黑白色的成熟牛仔裤造型**
**> > >**
长衬衫搭配短马甲，既能修饰腹部，又能提高腰线，显得个高腿长。与浅蓝色仿旧牛仔裤相比，藏蓝色普通款式更适合整体造型。

**这里NG，"出格"的搭配**

> > >

短款紧身上衣搭配低腰裤，腹部和背部不经意便会走光。红色的横条纹图案搭配牛仔裤效果不错，但仅限于年轻人，对熟女来说就有装嫩之嫌了。

　　高腰裤容易强调丰腴的小腹和臀部，因此比较推荐低腰裤。但过分低腰反而容易暴露小腹或背部的赘肉，不适合熟女选择。应该挑选前面适度低腰，后面略高腰的设计，可给人带来一种舒适的流行感。

# 工装裤
cargo pants

**适度休闲的工装裤搭配甜美风格上装**

> > >

如果上装直接搭配T恤或普通半袖衫，整体形象就会像工作服。因此要选择面料和质感上乘，并带甜美风格的衬衫。既有工装裤的干练，又有熟女的优雅，找到这种搭配上的平衡很重要。

**这里NG，"出格"的搭配**
> > >
强烈的迷彩图案工装裤只能搭配纯休闲款的T恤，这对熟女来说太难驾驭，很容易让衣服抢了风头，变成"出格"的搭配。

　　工装裤的原型是货船工人穿的耐磨工作裤。腿部两侧的补丁裤兜是一大特色。裤型宽松、面料硬朗的工装裤不易与其他服饰搭配，因此选择在细节上部分采用工装裤特点的款式较好。棉麻混合面料柔软有垂感，比较适合成年女性，选择这样材质的工装裤可打造出适度的休闲风格。

面对时尚的心态3

# 衣着美丽的秘诀在于肌肤之美

## 看起来时尚多半是因为拥有美丽的肌肤

有些人紧跟时尚潮流，衣着款式也很新颖，但看上去并没有那么美。有些人并没有特别地打扮，但浑身散发自然的美感，总能吸引别人的目光。为什么会这样呢？通过不断观察，我发现原来秘诀在于她们的肌肤。无关于肤色，重要的是肌肤紧致与否，以及是否有透明感。

没想到服饰和肌肤有如此密切的关系。而且近来越发觉得，在时尚造型中，美丽的肌肤是和苗条修长的身材一样重要的因素。

## 护肤才是时尚秘诀

亮丽紧致的肌肤能与许多色彩协调搭配，无论是鲜艳的还是朴素的颜色，都不会成为障碍。自然健康的肌肤不会输给任何流行服饰。反之，如果肌肤暗沉松弛，无论穿着怎样的服饰都会让人觉得不够精神，能选择的色彩范围也会受到限制。当肌肤暗淡无光，越是华丽流行的款式越会喧宾夺主。

很多人为了穿小一号的衣服拼命减肥。如果因为节食令肤色暗沉，还不如保持健康亮丽的肤色，因为这样看起来会更美丽。

每天的护肤是掌握时尚搭配秘诀的根本捷径。

　　美丽的肌肤是指紧致、润泽、有透明感的肌肤。只要认真护肤, 谁都能拥有这样的肌肤。护肤不同于矫正体形或整形, 并不是遥不可及。举手之劳而不为之, 岂不是自己的损失? 想要10年后仍然能穿艳丽的服饰的话, 请从现在就开始认真护肤吧!

许多人认为穿相同颜色、相同面料、相同感觉，或相同品牌的衣服既协调统一，不会出错，感觉又时尚。

的确，不会有大问题，但过分统一、没有亮点的造型会显得毫无特点与个性。

在这一节我们主要告诉大家如何将"木耳边、缎带、蕾丝"这样甜美的点缀，或者"V领、牛仔服"这样干练的装饰自然地融入服装搭配，如何将看似相反的两种风格协调统一，互相点缀。这种打破单调平衡的个性搭配才是熟女应掌握的穿衣技巧。

*Lesson*

*4.*

平衡甜美与干练的秘诀

## 木耳边
# 甜美风格的搭配细节
Frill

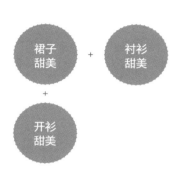

衬衫和开衫的木耳边累加在一起，裙子也女人味儿十足，从上到下都是甜美风格，反而无法突出木耳边的可爱效果。

木耳边可以说是甜美风格的代表，华美又有起伏凹凸的立体感，还可起到修饰体形的作用，所以最好掌握它的搭配技巧。最重要的是不能将甜美风格的服饰叠穿。带木耳边的衬衫最好搭配干练风格的牛仔裤或简约款长裤，这样才能更加突出木耳边的女人味儿。

常常看到木耳边上衣与百褶长裙的搭配，这种造型甜美过剩，没有重心，分不清到底哪里是全身的亮点。

此外，木耳边类衣物最好选择低调的色彩，白色、黑色等颜色更百搭，也不会被衣服抢了风头。关键要找准"熟女的可爱"。

带木耳边的上衣与简约或休闲的下装组合，打造出重点突出的亮丽造型，是日常穿着不可缺少的款式。

搭配牛仔裤,
甜美和休闲
的混搭。

衬衫
甜美　＋　裤子
干练

＋　　　　＋

开衫
干练　　　皮鞋
甜美

牛仔裤和带木耳边的甜美
上衣是绝配。干练和甜美的搭
配令整体风格更具平衡感。开
衫的简约干练正好衬托出衬衫
的甜美,相得益彰。

木耳边仅集中在袖口的造型。

罩衫
甜美

+

裤子
干练

+

项链
甜美

皮鞋
甜美

分量感十足的木耳边袖子成为整个造型的主角。为了显出罩衫的优雅，搭配基本款长裤，降低配饰的甜美度，袖口的木耳边成为整个造型吸引目光的焦点。

## 缎带
# 甜美风格的搭配细节
ribbon

蝴蝶结缎带和裙子的花朵叠加在一起，甜美感翻倍。但整体形象缺少变化节奏，是常常出现的普通造型。

　　胸前的缎带，能提升视线，给人华美雅致的印象。搭配得当，是一款非常好用的装饰。缎带搭配的关键，在于下装的选择。休闲、基本款、男装风格的下装都不会失败。如上图照片中的花朵图案半身裙完全掩盖了缎带的美丽。搭配上下装的时候，为了增加协调感，常常会陷入甜美+甜美的误区，但实际效果正好相反。只有从这个误区中走出来才能更好地发挥甜美衣衫的魅力。

　　此外，由于常常在制服中使用，缎带不仅有甜美感，还能显得年轻。缎带衬衫搭配以绅士款外套为首的各种外套，胸前的蝴蝶结能将干练和甜美很好地融合，打造出年轻可爱的熟女造型。

典型的
减法搭配。
将花裙换成
七分裤。

上衣
甜美

+

裤子
干练

+

皮鞋
甜美

将127页照片中的花裙换
成基本款长裤，减掉多余的甜
美感，令淡粉色的上衣和胸前
甜美的缎带蝴蝶结更显美丽。

干练的五分裤和长靴衬托出缎带外套的甜美。

外套
甜美

＋

裤子
干练

＋

长靴
干练

缎带外套如果搭配裙子，会稍显普通，整体感觉略逊一筹。若下装搭配男款五分裤和长靴，则能增加干练风格，实现从上到下甜美、干练和休闲的完美融合。

## 蕾丝
# 甜美风格的搭配
lace

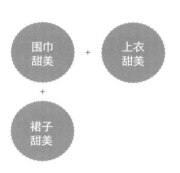

包括围巾在内，全身都是甜美风格。高明度的色彩加上柔软贴身的面料，整体感觉衣服过于喧宾夺主，给人过度强调女人味儿的不好印象。

　　蕾丝衣物一方面给人雅致和华丽的印象，另一方面如过度使用会让人觉得廉价。蕾丝本身有凹凸的质感，因此最好与简约普通的面料或款式搭配，方能更好地凸显其魅力。避免与苏格兰呢或粗编毛线等面料搭配。

　　蕾丝与休闲风格的牛仔裤或者皮革等较硬朗的面料更易搭配，能衬托出蕾丝的优雅。如果与同是甜美风格的款式、色彩或柔软的面料组合，则不仅显得过于甜腻，更会感觉没有品位。特别在色彩的选择方面，以米色、棕色、深蓝色等低调的单色系为宜，这样能给人素雅大气的感觉。

　　在甜美风格的款式中，蕾丝尤其带有浓浓的女性特征。因此与其他款式相比，蕾丝的搭配关键在于挑选与蕾丝带来的甜美风反差大的、干练的休闲风格的服饰。反差越大，效果越好。

蕾丝半身裙
搭配干练长靴
获得平衡

上衣
甜美
+
裙子
甜美

+

围巾
干练
+
长靴
干练

甜美和干练风格的单品
获得完美平衡的搭配。亮点在
于，蕾丝半身裙与干练风格长
靴的反差搭配。

用牛仔裤的
休闲感衬
托蕾丝的
甜美风。

内搭上衣
甜美

+

裤子
干练

+

开衫
甜美

凉鞋
干练

+

帽子
甜美

以甜美蕾丝上衣和休闲
牛仔裤为主线的造型。略带
女人味儿的帽子和开衫很好
地衬托出主角。可作为甜美
风格熟女休闲造型的范本，
希望大家能掌握。

V领
# 干练风格的搭配细节
v-neck

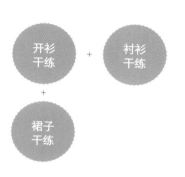

硬朗的V形领搭配同样风格的白衬衫，给人以冷酷的印象，是仅局限于职场等少数场合的造型。

　　精练的裁剪是V形领的典型特征，但由于领口的深浅或者线条的角度不同，也不能一概而论所有V形领都是干练风格。往往搭配不同的服饰，就能留给人完全不同的印象。

　　比如，上图照片的V领开衫搭配同样干练的白衬衫，再加上基本款半身裙，结果令整体造型索然无趣。如果想得到更时尚的感觉，可将内搭换成甜美款式。对线条简洁的V领来说，波浪花边、蝴蝶结或有光泽感的面料等甜美风格元素，能令整体形象生动起来。虽说应避免过度甜腻的着装，但对熟女来说更应注意的是避免过于朴素的着装，缺少甜美元素，会让人感觉僵硬不从容。为干练的V形领增加一点柔和吧。

立领衬衫和
A字裙增加
甜美感。

开衫
干练

＋

衬衫
甜美

＋

裙子
甜美

＋

皮鞋
甜美

领子上有蝴蝶结的衬衫
令V领开衫立刻有了高雅的感
觉。下装A字裙与束腰开衫形
成整体的X线条，强调了女性
特有的曲线。

V领毛衫搭配缎面裤和小饰物，打破硬朗线条。

毛衫
干练

手腕蕾丝
甜美

+

帽子
甜美
+
裤子
干练

+

项链
甜美

皮鞋
干练

浅V领毛衫搭配缎面五分裤，上下装的风格基本统一。缎面裤、帽子和银色的项链、金属色的皮鞋等带来恰到好处的光泽感，与衣服一起打造出了冷艳造型的效果。袖口的蕾丝很好地柔化了毛衫的厚重，整体上是一个甜美和干练完美平衡的搭配。

135

# 干练风格的搭配细节

denim

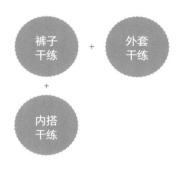

随意休闲风格的牛仔服饰整个造型中基本上只能出现一次。上下装加内搭全部是休闲牛仔风格的组合，作为熟女的穿着来说只能打零分。

　　熟女穿着牛仔服最需注意的就是不能过分休闲。牛仔服原是矿工的工作服，虽然能给人留下活力和年轻的印象，但穿着面积过大也会令人感觉过分随意与休闲。用相同色调打造整个造型，不仅感觉装嫩而且显得廉价，因此最好避免。要想穿出高水平的时尚感，就需大胆引入甜美元素：蕾丝、甜美印花图案、光泽感面料等。尤其搭配高品质的面料可以弱化牛仔服的随意风格。另外，牛仔的蓝色可与多种色彩搭配，作为熟女的衣着来说，推荐低调稳重的颜色。若能通过搭配T恤等增加一点白色，可令整体风格更清爽洁净，也便于造型。

　　牛仔服是百搭的重要单品之一。只要掌握了搭配技巧，我们都能成为牛仔达人！

搭配与牛仔服
协调的色彩，
打造漂亮的
外出穿着。

外套
干练

＋

裙子
甜美

＋

帽子
干练

＋

长靴
干练

项链
甜美

裙子、项链、帽子上都有
珊瑚红色，甜美的暖色调将日
常休闲款牛仔外套打造成美丽
的外出服饰。

搭配蕾丝半身裙,
娴熟地掌握甜美
与干练的
搭配技巧。

外套
干练

+

围巾
甜美

+

裙子
甜美

+

皮鞋
甜美

深蓝色牛仔外套搭配甜美
棉质蕾丝半身裙。为了不使色
彩过于单调,加一条花色围
巾,令整体色彩协调自然。在
棉质的上下装之间,搭配柔纱
面料,靠面料的点缀很好地平
衡了甜美与干练两种风格。

**面对时尚的心态4**

# 飒爽身姿为你加分

## 身姿的好坏带来5岁的年龄差距

谁都知道挺胸抬头的优美身姿非常重要。但是，知道并不等于在日常生活中会坚持执行。如果不是跳芭蕾或练体操养成习惯的人，想要每时每刻都保持优美身姿的确不容易。常常是不经意间发现自己正低头含胸接电话，或者俯首缩肩地走在马路上。这样的姿势，会给人怎样的印象呢？如果有被抓拍的照片，你会发现自己比实际年龄看上去老了不少。可这就是生活中你留给别人的印象啊！

优美的身姿能留给人年轻干练的印象。

据说姿势的好坏，能带来5岁的年龄差距。想想看，好不容易掌握了时尚技巧，穿着自己钟爱的衣服，结果看上去老了5岁，是不是太令人遗憾了？

从此刻开始，养成每天1次调整身姿的习惯，逐渐增加次数，2次、3次……总有一天你会发现，自己无论何时何地都能保持良好的姿态。

## 身姿留给人的印象

身姿的好坏不仅能决定你在他人眼中是否显得年轻，更重要的是会左右你在他人眼中的印象。挺胸抬头的人，总是给人充满自信的感觉。俯首含胸的人，总让人觉得心事重重。一个沉闷阴郁的人，将时尚漂亮的洋装穿在身上也不会给人以美感。穿衣搭配的最后一步，就是给人一个乐观开朗的印象。请记住，生动活泼的你才能让美丽的服饰熠熠发光。

想要掌握时尚搭配技巧，使日渐丰腴、臃肿的
体形显得苗条、修长，
首先需要客观正视自己的身形。
通过扬长避短的方式来修饰不够完美的体形
才是我们考虑的重点，
仅靠一件宽大的衣服来遮掩根本谈不上技巧。
通过配饰吸引视线，通过不同色彩勾画线条，
通过不同面料制造动感与节奏等，
这些才是时尚女性应掌握的穿衣之道。

Lesson

5.

女人的显瘦理论

# 先着眼全身

苗条，是针对全身整体形象而言的。丰腴的小腹，手臂的赘肉……很多人觉得单独修饰在意的部位就能显瘦。其实，如何展示全身的整体形象才是关键。因此，在关注如何修饰某个身体部位之前，首先应该来学习能改变整体形象的4条显瘦法则。

与圆领相比V领更显瘦，与横向线条相比竖向线条更显瘦，接下来类似于此的4条基本法则适用于任何人、任何款式的衣服。在犹豫挑选哪件衣服的时候，在困惑该如何造型搭配的时候，只要能稍微想起这些法则，就一定会对你有帮助。

## 显瘦法则1 打造深V区域

干练的V形领，有很好的显脸小效果，同时还能减弱上半身的视觉分量。V形的锐角线条形成的区域能成为上半身的点缀，起到收缩的视觉效果，令全身显得苗条修长。一眼看上去，他人的目光首先集中在V领区域，较高的视线焦点能令人感觉身材更高挑。除V形领外，长项链、开衫、对襟衫等都可打出V形区，是可以积极选择的服饰。

V形领（左）和长项链（中）打造V形区，与没有任何装饰的NG款（右）相比，能更好地修饰体形。

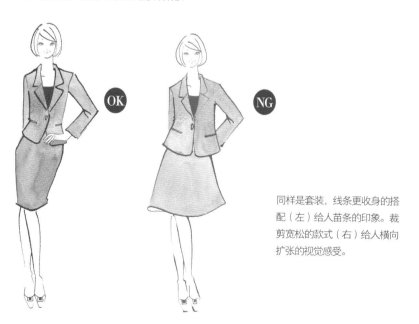

同样是套装，线条更收身的搭配（左）给人苗条的印象。裁剪宽松的款式（右）给人横向扩张的视觉感受。

## 显瘦法则2 选择合身衣物

视觉上容易横向扩张的款式，需要注意上下装的完美搭配以及面料的挑选。如仅仅因为某个颜色或图案就出手的话，弄不好不只会显胖，还会显得个子矮。上装注意挑选收腰、窄肩的款式，下装注意挑选合身且轮廓完美的样式。但是，必须要分清"合身"和"紧身"的区别。无论任何服饰，适度的余量是显瘦的必要条件，千万不能让衣服裹在身上凸显丰腴的轮廓。

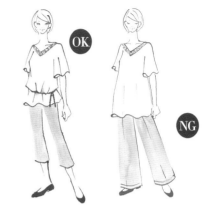

腰带和七分裤的搭配（左）更精干，上下都是宽松肥大的款式（右）给人随意厚重的印象。

同样的身形，同样的搭配，精干短发（左）与两侧蓬松的中长发（右）相比，身形的修长感更突出。

## 显瘦法则3 尽量使头部显小

大家都知道挑选模特一个最重要的条件就是脸小。如果脸小，即使个子不高，身材比例看上去也会很舒服。不过，小脸可没那么容易。所以，我们推荐的方法是，选择头部显小的发型。下巴到肩部之间的发量过重会显脸大，精干的短发或束起发髻能让脸部显得更清秀。很多人都认为发型应该由脸型来决定，其实更应该从显瘦效果或全身的造型平衡去考虑。

# 显瘦法则4 分清自己的体形

　　体形可大致分为"筒形"和"扁平"两种。有些人是不属于这两种身材的标准体形，不过人数应该不多。大部分人的体形都应该偏筒形或偏扁平。分清自己的身形特点，可以帮助我们找到适合的款式与面料。

　　筒形身材，是所谓的有厚度的身材。正面看不错，但侧面就比较显胖。扁平身材正好相反，侧面看偏瘦，正面看会略显结实。

　　无论何种体形，无论是厚度还是宽度的问题，只要找到可弱化的不足之处，避免显胖的款式和搭配方法，都能变苗条。

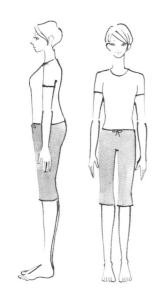
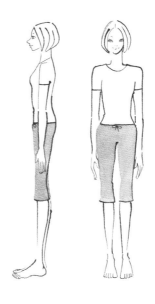

**筒形身材的人：**

从正面看身材正常，但因为身体的厚度，从侧面看时就会显胖。肩部和腰部不突出，整体形象比较圆润、丰满。

**扁平身材的人：**

从侧面看，身形瘦薄，从正面看有宽度，显结实。多数人的肩部和腰部显得突出，一般都不会太胖。

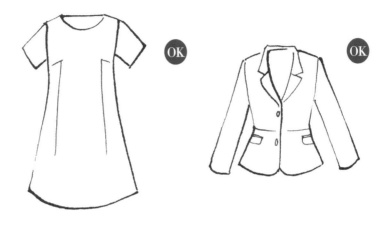

连衣裙最好肩部和身形有
立体裁剪。

外套最好面料挺括，肩部和
腰部立体裁剪。

**为简形身材的人推荐款式** 》

　　是否能适度修饰圆润有厚度的身形是选择款式和面料的关键。褶皱设计的服饰
更有立体感，不紧绷且挺括的面料不会突出肩部和腰部丰腴的线条，比较推荐。

　　相反，不推荐柔软的毛衫、针织衫等强调身体线条的面料和款式。即便遇到这
样的面料也要尽量选择较厚实、挺括的。

柔软有垂感的针织连衣裙最适
合扁平身材。

扁平身材肩部的骨感能突出插
肩款衣服的美丽线条。

**为扁平身材的人推荐款式 》**

　　骨感的扁平身材，适合毛衫、针织衫、休闲衫等柔软并贴合身形的面料，它们
能令整体线条更迷人。相反，羊毛等厚重材质或蝉纱等过度轻薄不服帖的材质则容
易突出骨骼的宽度，应尽量避免。

　　针织款连衣裙或肩部接缝毛衫既能强调纤薄的身形，又能靠面料的垂感营造温
柔气氛，强烈推荐。此外，竖纹毛衫或插肩款式的衣物在突出肩部线条的同时，能
给人时尚冷峻的印象，也值得尝试。

显瘦理论2

# 后关注局部

　　看起来身材再完美的人，也有自己的小执念，比如希望腰再细点，希望脖子再长点……没人对自己的身材完全满意。本节中，我们按照身体的各个部位来为大家介绍显瘦技巧。

　　每个人在意的部位各不相同，但基本原则是，不要"遮盖"，而要通过视觉效果弱化。如果觉得自己手臂粗，首先不能靠穿长袖遮盖，可通过露出更纤细的小臂，或者改变衣服的面料以及袖子的设计款式、细节等来弱化手臂的视线。遮盖会束缚时尚搭配的自由度，选择不同的搭配技巧，却能获得更自由快乐的时尚体验。

　　如果同时有几处在意的部位，可先定出优先顺序，通过不同技巧依次克服。

# 下半身——腿部（小腿）

Q: 膝盖往下较粗的话，该如何挑选下装？
A: 将视线从小腿转移。

　　挑选能将视线从小腿转移的款式。裙装的话，裙摆的动感会吸引目光。裤装的话，宽口七分裤能弱化腿部粗壮的线条，强调纤细的脚踝。此外，长筒靴有很好的瘦腿效果，更能显得小腿修长。长裙或宽松长裤会使全身的重心集中在下半身，应尽量避免。

裙子

飘柔的裙摆带来节奏和动感，刚刚遮住膝盖的长度，有很好的显瘦效果。

裙装下摆过窄（左），会暴露腿粗。裙长到小腿（右），会将视线引向小腿部，同样凸显缺点。

裤装

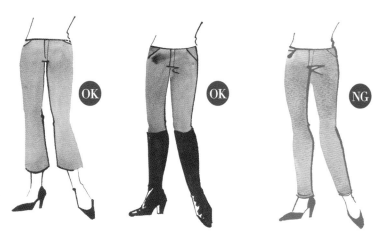

宽口七分裤（左），宽松的裤脚能弱化腿部线条。
长筒靴（右）既时尚，又能起到修饰作用。

窄腿长裤会完全暴露腿部的线条。

# 下半身——臀部与大腿

Q: 臀部和大腿胖怎么办？
A: 通过流行款式将视线集中在较高位置。

　　窄脚裤搭配长款上衣（连衣裙或长衬衫）能很好地修饰体形。再辅以首饰或围巾等配饰，将重心上移，会令视线集中在较高位置，有效弱化自己在意的体形问题。

　　裙子可以选择在裁剪、拼接、裙摆设计等方面富于变化的款式，裙子的动感、立体效果和层次都有很好的修饰作用。但臀部周围的裁剪需合身，一味地想着遮盖而全部挑选宽松款式的话，反而会令整体造型膨胀。

　　去寻找既修身又富于变化的款式吧。

裤装

搭配能修饰臀部及大腿的长款上衣。上衣的长度以能遮住大腿部位的赘肉为宜。

较短上装无法遮住臀部和大腿的赘肉，刚刚遮住臀部的长度又会强调大腿最粗的部分。

裙装

臀部周围裁剪合身，自然宽松的梯形下摆，是修饰下半身体形的基本款式。

斜裁款式半身裙，通过布料的变化和层次感有效弱化下半身的丰腴感。

臀部和大腿部合身裁剪的鱼尾裙，裙摆呈波浪状展开，是将修身和变化完美融合的经典款式。

# 下半身——腹部周围

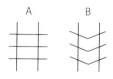

Q: 腹部发福怎么办?

A: 在腰际周围加入斜线条。

A和B哪个看起来更宽?

　　请观察右上角的比较图。被平行线水平分割的A和被V形线等宽分割的B相比,是不是B看上去宽度更窄呢? 减少与腰平行的线条能有效弱化发福的腹部。比如放松腰带, 露出衬衫衣摆的V形线条等。

　　另外, 斜襟前开上衣也能打造出不错的V形线条。如果裙装腰腹部带有收缩效果的缝合线, 则效果更佳。

搭配短款上衣的裙装

如果裙子的腰腹部设计了好几条针脚, 腹部就不会很显眼, 更能展现出时尚感。

从腰际开始的褶皱和荷叶边有膨胀效果, 会令臀部和腹部显得过于丰满。

腰带有很好的修饰效果。略宽的腰带，置于腰线稍靠下的位置，放松后打造出V形线条。

将打底衬衫或开衫的衣摆露出形成倒V字，能有效修饰丰满的腹部。

斜襟开衫在侧面合拢，衣摆不是一条直线，最能发挥V字效果。

衣服下摆没有任何点缀的款式最容易显得肚子隆起。视线会直接集中在肚子上。

# 上半身——胸部

Q: 不想显得胸部过于丰满, 该如何选择搭配服饰?
A: 添加分割线, 分散胸部的视线。

　　胸部比较丰满的人最应该避免没有任何装饰的圆领衫。从脖颈到胸部的整块单色, 会强化胸部的丰腴效果。为了显瘦, 应该选择深V领或方领等款式, 线条的变化能有效分割集中的视线, 令胸颈部的面积变小。

　　另外, 还需注意上半身的轮廓。最好选择收腰款式的上装。如果腰身宽松, 会进一步放大上半身的比例, 反而容易将视线集中在丰满的胸部。上半身的瘦身效果能极大地改善整体的形象。

打造深V区域，露出不同颜色的打底衫，能有效分割脖子到胸部的视线，有很好的显瘦效果。如果打底衫的色彩有收缩效果，整体形象则会更佳。

因为胸部明显而选择宽松款式的上装（右），结果看起来像丰满的孕妇。而收腰款式的上装（左）能带来整体的显瘦效果。

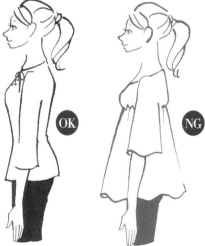

# 上半身——脖颈

Q: 脖子短粗, 肩颈部肉多, 该如何弱化?

A: 尽量将衣领线条从脖颈处移开。

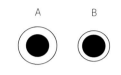

A和B哪个黑圆看起来更大?

　　请看右上角的比较图。A和B的黑圆面积一样, 但是B显得更大, 原因在于外围留白面积的不同。周围留出的空间越大, 中间的圆就会显得越小。要想脖颈显瘦, 就要利用这个视觉原理。将黑圆比作脖子, 外圆圈处比作衣服, 中间白色的部分, 就是脖子和衣服之间的留白。加大留白面积, 脖颈自然就会显瘦。领子的有无并不关键, 最重要的是衣领与脖子的距离。

　　大领的衬衫, 可将领子尽量翻开。无领的, 最好选择领口比较大的V领或方领。

有领

OK

NG

领子翻开，离开脖颈线，立刻显瘦。立起
领子，在胸部打造深V线条，效果更佳。

小领口衬衫完全暴露脖子的短粗线条，同时胸
部和肩部的丰腴也一览无余。

无领

OK

OK

衣领横向延长的线条将颈部和肩部融为一体，能有效分散集中在脖子的视线。浅V字（左）
和浅方领（右）都有不错的效果。如果选择小领口或高领，效果则完全相反。

# 上半身——手臂

Q: 随着年龄的增加，上臂变粗，变松弛，该如何打扮来掩饰这一缺点？
A: 根据袖长来挑选款式。

　　不能因为上臂粗就放弃无袖款式，要根据细节设计的不同来克服自身不足。

　　无袖的话，注意挑选能显瘦、使整体修长的款式。半袖的话，要注意袖长，避开不能遮盖上臂的款式。长袖的话，最好在肩部或手腕等部位增加装饰令视线转移。

**无领**

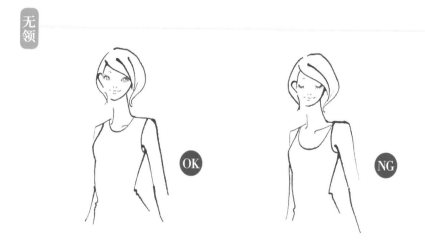

选择袖笼紧凑，能很好地遮盖肩部和腋下赘肉的款式（左）。严禁选择吊带（右）等过多裸露肌肤，将缺点暴露无遗的款式。

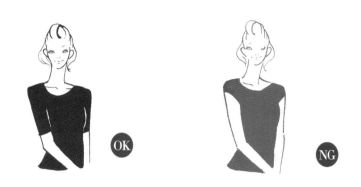

选择能有效遮盖上臂的款式（左）。连肩袖（右）或花苞袖有突出上臂的效果，应该避免。

灯笼袖（左）、喇叭袖（中）等款式在肩部或袖口加入不同的设计，能吸引视线。而紧身
长袖或插肩袖（右）则会凸显手臂的粗壮。

# 体形——上身长

Q: 属于上身长的体形, 该如何掩饰呢?

A: 增加上半身服饰的动感与节奏。

　　上身长的体形要注意在腰部增加亮点, 打造出整体造型的动感和节奏, 在比实际腰线稍高的位置加条腰带, 形成X形轮廓, 提高腰部位置。或者挑选腰部加入别致设计的款式。还可将长短不同的两件休闲衫叠穿, 露出较长衣衫的衣摆等。总之, 为了显得腿长, 标出腰线的位置很重要。

　　同时, 上身长的体形一定要避免无收腰效果的直筒裙。模糊的腰线会进一步拉伸上半身的长度。

打造轮廓

OK

NG

直筒连衣裙需要加条腰带，提高腰线
的位置，X形轮廓富有动感和节奏。

避免没有任何装饰的直筒裙。裙摆的
褶皱花边反而突出了上身长的缺点。

打造亮点

OK

NG

选择带腰带或腰部有装饰的
外套，能明确腰部位置，有
效防止视线的延长。

要避免不收腰且腰部无任何
装饰的外套，那会令上半身
看上去更长。

# 体形——矮小

Q: 小个子想显高该怎么穿?

A: 避免横向扩张的款式, 强调纵向线条, 可有效显高。

个子矮的人, 最好选择精干的款式。过于宽大的衣物会显得身形更矮小。基本原则是打造能修身增高的I形轮廓。对矮小的人来说, 协调上下装的颜色、款式, 强调纵向轮廓, 往往更为重要。将服饰的亮点提高, 让视线集中在较高的位置, 能起到很好的显高效果。可在胸前或脖颈周围增加一些配饰。

另外, 小个子人喜欢选择可爱款式的衣物, 但这种款式其实更容易增加矮小的印象。挑选精干的款式, 打造成熟形象, 既能有效修饰体形又能显高, 何乐而不为呢?

搭配要点

不会横向扩张的 I 形线条是矮小体形的基本款型。通过打造纵向延伸的轮廓，令全身显得修长高挑。裤子推荐修身的七分裤。围巾可有效提高视线（左）。裙子同样推荐修身款式，搭配显瘦上装。胸前的花边也能起到点缀、增高效果（右）。

小个子通常会选花边或蝴蝶结等可爱款式。殊不知"可爱"会让人联想到"小巧"，反而强调了矮小的印象。

# 体形——瘦弱

Q: 体形瘦弱, 给人骨感贫弱的印象, 该如何改变?
A: 减少肌肤露出度, 挑选有蓬松感的款式。

　　凸出的锁骨和肩胛骨给人生硬的印象, 无论穿什么都会显得干瘦。重要的是, 应尽量减少肌肤的露出度。而且, 要选择有蓬松感的服饰, 修饰骨感瘦弱的身形。叠穿法或者围巾能有效弱化胸部单薄的印象。下装同样需要选择略微宽松的款式, 无论是裙装还是裤装都应避免裹在身上。

　　由于很多款式的衣服瘦弱的人都能顺利穿着, 所以她们常常会忘记自己的体形而穿上紧身衣裤, 不经意间便给人留下了僵硬骨感的印象。

**搭配要点**

**OK**

将瘦弱的脖颈和肩部用衣服遮起来, 通过叠穿法打造出蓬松感。宽松的工装裤将下半身修饰得恰到好处。

**NG**

裸露的肌肤较多, 锁骨和肩胛骨凸出, 单薄的胸部和下半身暴露无遗, 整体造型完全没有女人的线条和韵味。

# 体形——高大

Q: 体格高大，好像穿什么都男人气，怎么改变这一形象？
A: 不要过度拘泥于女人味儿，靠适度的甜美感一决胜负。

　　体格高大、骨架宽的人，往往偏爱男款服饰，结果更强调了高大的体格特征，给人留下"男人婆"的印象。高大的体形对服饰的选择范围很广，通常挑选稍宽松的长裤或及膝半身裙，在充分展示身体线条的同时，加入适度的甜美感配饰作为点缀就能取得很好的效果。不过，如果整体都挑选女性化的款式，反而会给人不太协调的感觉。为了避免这种视觉冲突，推荐在个别细节处引入甜美款作为点缀。比如一件甜美的雪纺打底衫，就能增添不少温柔印象。

裙装

OK

应避免花边过多，或过于强调女人味儿的长裙。光泽感面料、修身及膝半身裙既能突出高挑腿长的优势，又能显出女性的柔美，是非常不错的选择。外套的话，与男士款相比，纯色甜美女款外套更能突出女性的特点，以修饰高大的体形。

裤装

OK

NG

垂感面料的宽松长裤、衬衫的褶皱花边，不过分追求女人味儿，适度的甜美感留给人好印象。

体形高大的人一身男款服饰，会让人觉得太男性化。需要适度的宽松和甜美来增加女人味儿。

大人の着こなしバイブル

Copyright Junko Ishida/Shufunotomo Co.,LTD. 2011

Original Japanese edition published in Japan by Shufunotomo Co., Ltd.

Chinese simplified character translation rights arranged through Shinwon Agency Beijing Representative Office,

Chinese simplified character translation rights © 2012 by Lijiang Publishing House

桂图登字：20-2012-056

## 图书在版编目(CIP)数据

优雅与质感.1,熟龄女人的穿衣圣经 / (日) 石田纯子著；宋佳静译. — 2版. — 桂林：漓江出版社,2020.7

ISBN 978-7-5407-8747-9

Ⅰ.①优… Ⅱ.①石… ②宋… Ⅲ.①女性－服饰美学 Ⅳ.①TS973.4

中国版本图书馆CIP数据核字(2019)第226969号

**优雅与质感. 1：熟龄女人的穿衣圣经**
YOUYA YU ZHIGAN 1：SHULING NÜREN DE CHUANYI SHENGJING

| | | | | | | |
|---|---|---|---|---|---|---|
| 作　　者 | [日]石田纯子 | 译　　者 | 宋佳静 | 绘　　者 | [日]园田莉娜 |

出 版 人　刘迪才

策划编辑　符红霞　　　　　　　责任编辑　王成成

封面设计　桃　子　　　　　　　内文设计　page11

责任校对　赵卫平　　　　　　　责任监印　黄菲菲

出版发行　漓江出版社有限公司

社　　址　广西桂林市南环路22号　邮　　编　541002

发行电话　010-65699511　0773-2583322

传　　真　010-85891290　0773-2582200

邮购热线　0773-2582200

电子信箱　ljcbs@163.com　　**微信公众号**　lijiangpress

印　　制　北京中科印刷有限公司

开　　本　880 mm×1230 mm 1/32　印　张　5.5　字　数　75千字

版　　次　2020年7月第2版　　印　次　2020年7月第1次印刷

书　　号　ISBN 978-7-5407-8747-9

定　　价　38.00元

＊好 书 推 荐＊

《优雅与质感1——熟龄女人的穿衣圣经》

[日]石田纯子/著　宋佳静/译

时尚设计师30多年从业经验凝结，

不受年龄限制的穿衣法则，

从廓形、色彩、款式到搭配，穿出优雅与质感。

《优雅与质感2——熟龄女人的穿衣显瘦时尚法则》

[日]石田纯子/著　宋佳静/译

扬长避短的石田穿搭造型技巧，

突出自身的优点、协调整体搭配，

穿衣显瘦秘诀大公开，穿出年轻和自信。

《优雅与质感3——让熟龄女人的日常穿搭更时尚》

[日]石田纯子/著　千太阳/译

衣柜不用多大，衣服不用多买，

现学现搭，用基本款&常见款穿出别样风采，

日常装扮也能常变常新，品位一流。

《优雅与质感4——熟龄女人的风格着装》

[日]石田纯子/著　千太阳/译

43件经典单品+创意组合，

帮你建立自己的着装风格，

助你衣品进阶。

悦读阅美 · 生活更美

*好 书 推 荐*

《手绘时尚巴黎范儿1——魅力女主们的基本款时尚穿搭》
[日]米泽阳子/著 袁淼/译
百分百时髦、有用的穿搭妙书，
让你省钱省力、由里到外
变身巴黎范儿美人。

《手绘时尚巴黎范儿2——魅力女主们的风格化穿搭灵感》
[日]米泽阳子/著 满新茹/译
继续讲述巴黎范儿的深层秘密，
在讲究与不讲究间，抓住迷人的平衡点，
踏上成就法式优雅的捷径。

《手绘时尚范黎范儿3——跟魅力女主们帅气优雅过一生》
[日]米泽阳子/著 满新茹/译
巴黎女人穿衣打扮背后的生活态度，
巴黎范儿扮靓的至高境界。

《选对色彩穿对衣（珍藏版）》

王静/著

"自然光色彩工具"发明人为中国女性
量身打造的色彩搭配系统。
赠便携式测色建议卡+搭配色相环。

《识对体形穿对衣（珍藏版）》

王静/著

"形象平衡理论"创始人为中国女性
量身定制的专业扮美公开课。
体形不是问题，会穿才是王道。
形象顾问人手一册的置装宝典。

《围所欲围（升级版）》

李昀/著

掌握最柔软的时尚利器，
用丝巾打造你的独特魅力；
形象管理大师化平凡无奇为优雅时尚的丝巾美学。

## *好 书 推 荐*

### 《女人30⁺——30⁺女人的心灵能量》

**(珍藏版)**

**金韵蓉/著**

畅销20万册的女性心灵经典。

献给20岁：对年龄的恐惧变成憧憬。

献给30岁：于迷茫中找到美丽的方向。

---

### 《女人40⁺——40⁺女人的心灵能量》

**(珍藏版)**

**金韵蓉/著**

畅销10万册的女性心灵经典。

不吓唬自己，不如临大敌，

不对号入座，不坐以待毙。

---

### 《优雅是一种选择》(珍藏版)

**徐俐/著**

《中国新闻》资深主播的人生随笔。

一种可触的美好，一种诗意的栖息。

---

### 《像爱奢侈品一样爱自己》(珍藏版)

**徐巍/著**

时尚主编写给女孩的心灵硫酸。

与冯唐、蔡康永、张德芬、廖一梅、张艾嘉等

深度对话，分享爱情观、人生观！

《时尚简史》

[法] 多米尼克·古维烈 /著　治棋 /译

流行趋势研究专家精彩"爆料"。

一本有趣的时尚传记，一本关于审美潮流与
女性独立的回顾与思考之书。

《点亮巴黎的女人们》

[澳]露辛达·霍德夫斯/著　祁怡玮/译

她们活在几百年前，也活在当下。

走近她们，在非凡的自由、爱与欢愉中
点亮自己。

《巴黎之光》

[美]埃莉诺·布朗/著　刘勇军/译

我们马不停蹄地活成了别人期待的样子，

却不知道自己究竟喜欢什么、想要什么。

在这部"寻找自我"与"勇敢抉择"的温情小说里，你
会找到自己的影子。

《属于你的巴黎》

[美]埃莉诺·布朗/编　刘勇军/译

一千个人眼中有一千个巴黎。

18位女性畅销书作家笔下不同的巴黎。

这将是我们巴黎之行的完美伴侣。

悦读阅美 · 生活更美

*好 书 推 荐*

《手绘张爱玲的一生——优雅是残酷单薄的外衣》

画眉/著 · 绘

在我们的人生树底处

盘几须张爱玲的根是幸运的，

她引领我们的灵魂过了铁，而仍保有舒花展叶的温度。

《手绘三毛的一生——在全世界寻找爱》

画眉/著 · 绘

倘若每个人都是一种颜色，

三毛绝对是至浓重彩的那种，但凡沾染，终生不去。

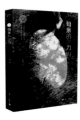

《母亲的愿力》

赵婕/著

女性成长与幸福不得不面对的——

如何理解"带伤的母女关系"，与母亲和解；

当女儿成为母亲，如何截断轮回，不让伤痛蔓延到孩子身上。

《女人的女朋友》

赵婕/著

女性成长与幸福不可或缺的——

女友间互相给予的成长力量，女友间互相给予的快乐与幸福，

值得女性一生追寻。

《精油全书（珍藏版）——30年芳疗经验集成》
金韵蓉/著

跟随大师引领，探索精油世界，事半功倍。
达人从容进阶、新人快速上手。

《我们的无印良品生活》
[日]主妇之友社/编著  刘建民/译

简约家居的幸福蓝本，
走进无印良品爱用者真实的日常，
点亮收纳灵感，让家成为你想要的样子。

《有绿植的家居生活》
[日]主妇之友社/编著  张峻/译

学会与绿植共度美好人生，
30位Instagram（照片墙）达人
分享治愈系空间。

悦 读 阅 美 · 生 活 更 美